高校入試
近道問題 **02** 方程式・確率・資料の活用

この本の特色

① コンパクトな問題集

　入試対策として必要な単元・項目を短期間で学習できるよう，コンパクトにまとめた問題集です。直前対策としてばかりではなく，自分の弱点を見つけ出す診断材料としても活用できるようになっています。

② 豊富なデータ

　英俊社の「高校別入試対策シリーズ」「公立高校入試対策シリーズ」を中心に豊富な入試問題から問題を厳選してあります。

③ 見やすい紙面

　紙面の見やすさを重視して，ゆったりと問題を配列し，途中の計算等を書き込むスペースをできる限り設けています。

④ 詳しい解説

　別冊の解答・解説には，多くの問題について詳しい解説を掲載しています。間違えてしまった問題や解けなかった問題は，解説をよく読んで，しっかりと内容を理解しておきましょう。

この本の内容

　※本書に収録された問題で学校名の記載が無いものは，弊社が独自に作成した問題です。

1 1次方程式

1 次の方程式を解きなさい。

(1) $27 = 19 - 12x$ (　　　　　)

（京都廣学館高）

(2) $3x = 21 - 4x$ (　　　　　)

（金光藤蔭高）

(3) $4x + 3 = x - 6$

(　　　　　) （沖縄県）

(4) $2x + 7 = 1 - x$ (　　　　　)

（熊本県）

(5) $3x + 2 = 5x - 6$

(　　　　　) （埼玉県）

(6) $2(x - 1) = -6$ (　　　　　)

（長野県）

(7) $-4x + 2 = 9(x - 7)$

(　　　　　) （東京都）

(8) $3(2x - 5) = 8x - 1$

(　　　　　) （福岡県）

(9) $3(4x - 7) = 2(x + 2)$

(　　　　　) （東山高）

(10) $5 - 7(x + 2) = 4(3 - x)$

(　　　　　) （太成学院大高）

2 次の方程式を解きなさい。

(1) $0.5x - 0.2 = 0.3x + 1$ （　　　　　）　　　　　（福岡工大附城東高）

(2) $x + 3.5 = 0.5(3x - 1)$ （　　　　　）　　　　　（博多女高）

(3) $x - 7 = \dfrac{4x - 9}{3}$ （　　　　　）　　　　　（千葉県）

(4) $\dfrac{1}{2}x + 1 = \dfrac{2}{3}x - 3$ （　　　　　）　　　　　（神港学園高）

(5) $\dfrac{1}{3}(x + 4) = \dfrac{1}{5}(2x + 5)$ （　　　　　）　　　　　（精華女高）

(6) $\dfrac{5 - 3x}{2} - \dfrac{x - 1}{6} = 1$ （　　　　　）　　　　　（鳥取県）

3 次の問いに答えなさい。

(1) $(x - 1) : x = 3 : 5$ が成り立つとき，x の値を求めなさい。（　　　　　）

（香川県）

(2) $(x + 5) : 7 = (x - 1) : 4$ が成り立つとき，x の値を求めなさい。

（　　　　　）（明浄学院高）

2 1次方程式の利用 近道問題

1 次の問いに答えなさい。

(1) x についての方程式 $7x - 3a = 4x + 2a$ の解が $x = 5$ であるとき，a の値を求めなさい。(　　　　)　　　　　　　　　　　　　　　　　（鹿児島県）

(2) x についての方程式 $(3a - 1)x + a + 7 = 0$ の解が $x = -1$ のとき，a の値を求めなさい。(　　　　)　　　　　　　　　　　　　　　（福岡舞鶴高）

(3) x についての方程式 $\dfrac{x - a - 4}{4} = \dfrac{4x + a}{3}$ の解が -2 のとき，定数 a の値を求めなさい。(　　　　)　　　　　　　　　　　　　　　　　　（清風高）

2 兄は家から $2\,\mathrm{km}$ 離れた学校へ歩いて出発し，兄が出発してから 10 分後に妹が走って同じ道を追いかけた。兄の歩く速さが分速 $60\mathrm{m}$，妹の走る速さが分速 $100\mathrm{m}$ であるとき，妹が兄に追いついた場所は学校まであと何 m のところか求めなさい。(　　　　　　　m)　　　　　　　　　　　　　　　（中村学園女高）

3 クラスで調理実習のために材料費を集めることになった。1 人 300 円ずつ集めると材料費が 2600 円不足し，1 人 400 円ずつ集めると 1200 円余る。このクラスの人数は何人か，求めなさい。(　　　　　　　人)　　　　　　　　（愛知県）

4 4% の食塩水と 9% の食塩水がある。この 2 つの食塩水を混ぜ合わせて，6% の食塩水を $600\mathrm{g}$ つくりたい。4% の食塩水は何 g 必要か。(　　　　　g)　　　　　　　　　　　　　　　　　　　　　　　　　　（高知県）

5 あるコーヒーショップのコーヒー1杯の価格は，消費税抜きで200円であり，持ち帰り用には8％の消費税が，店内で飲む場合には10％の消費税が価格に加算されることになっている。ある1日において，このコーヒーが300杯売れ，その売上金額の合計は消費税を含めて65180円であった。この日，持ち帰り用として販売されたコーヒーは何杯であったか，求めなさい。（　　　　杯）

（群馬県）

6 2種類の体験学習A，Bがあり，生徒は必ずA，Bのいずれか一方に参加する。A，Bそれぞれを希望する生徒の人数の比は1：2であった。その後，14人の生徒がBからAへ希望を変更したため，A，Bそれぞれを希望する生徒の人数の比は5：7となった。体験学習に参加する生徒の人数は何人か，求めなさい。（　　　　人）

（愛知県）

7 2つの容器A，Bに牛乳が入っており，容器Bに入っている牛乳の量は，容器Aに入っている牛乳の量の2倍である。容器Aに140mLの牛乳を加えたところ，容器Aの牛乳の量と容器Bの牛乳の量の比が5：3となった。はじめに容器Aに入っていた牛乳の量は何mLであったか，求めなさい。

（　　　　mL）（群馬県）

8 太郎さんの所属するバレーボール部が，ある体育館で練習することになり，この練習に参加した部員でその利用料金を支払うことにした。その体育館の利用料金について，バレーボール部の部員全員から1人250円ずつ集金すれば，ちょうど支払うことができる予定であったが，その体育館で練習する日に，3人の部員が欠席したため，練習に参加した部員から1人280円ずつ集金して，利用料金を支払ったところ120円余った。このとき，バレーボール部の部員全員の人数は何人か。バレーボール部の部員全員の人数を x 人として，x の値を求めなさい。（　　　　）

（香川県）

3 連立方程式

1 次の連立方程式を解きなさい。

(1) $\begin{cases} 3x - y = 14 \\ x + y = 2 \end{cases}$ （　　　　　） （好文学園女高）

(2) $\begin{cases} 2x + 3y = 7 \\ 3x - y = -17 \end{cases}$ （　　　　　） （千葉県）

(3) $\begin{cases} x + 2y = -1 \\ 3x - 4y = 17 \end{cases}$ （　　　　　） （長崎県）

(4) $\begin{cases} 3x - 2y = 0 \\ 2x + y = 7 \end{cases}$ （　　　　　） （島根県）

(5) $\begin{cases} 5x - 4y = 9 \\ 2x - 3y = 5 \end{cases}$ （　　　　　） （埼玉県）

(6) $\begin{cases} 2x + 3y = 1 \\ 3x - 2y = 8 \end{cases}$ （　　　　　） （大商学園高）

(7) $\begin{cases} 7x - 5y = 9 \\ -4x + 3y = -4 \end{cases}$ （　　　　　） （姫路女学院高）

2 次の連立方程式を解きなさい。

(1) $\begin{cases} 2x + y = 11 \\ y = 3x + 1 \end{cases}$ (　　　　　) （北海道）

(2) $\begin{cases} x = -2y - 1 \\ 3x - 5y = 8 \end{cases}$ (　　　　　) （神戸山手女高）

(3) $\begin{cases} x = 3y - 2 \\ 2y - x = 5 \end{cases}$ (　　　　　) （綾羽高）

3 次の連立方程式を解きなさい。

(1) $\begin{cases} 3x - y = -5 \\ 2(x + 3y) = -10 \end{cases}$ (　　　　　) （芦屋学園高）

(2) $\begin{cases} 2(x + y) = 3x + 8 \\ x + y = 4x - 11 \end{cases}$ (　　　　　) （京都廣学館高）

(3) $\begin{cases} -4x - y + 4 = -8x + 3y \\ x + y = 5 \end{cases}$ (　　　　　) （香ヶ丘リベルテ高）

(4) $\begin{cases} y = -x + 2 \\ 3x - 4y = 2y + 5x + 8 \end{cases}$ (　　　　　) （大阪国際高）

4 次の連立方程式を解きなさい。

(1) $\begin{cases} y = 3x - 5 \\ \dfrac{2x + y}{5} = 3 \end{cases}$ （　　　　　） （京都文教高）

(2) $\begin{cases} 2x + 7y = 10 \\ \dfrac{x}{3} - \dfrac{y}{6} = -1 \end{cases}$ （　　　　　） （清明学院高）

(3) $\begin{cases} 3x - y = 9 \\ \dfrac{x - 1}{4} + \dfrac{y}{2} = 4 \end{cases}$ （　　　　　） （中村学園女高）

(4) $\begin{cases} 6x - y = 11 \\ \dfrac{y - x}{2} = \dfrac{x + 2y}{3} \end{cases}$ （　　　　　） （滋賀短期大学附高）

(5) $\begin{cases} 0.2x + 0.3y = 1 \\ x = 3y + 14 \end{cases}$ （　　　　　） （平安女学院高）

(6) $\begin{cases} 3(x + 2y) = 8 \\ 0.2x + 0.3y = 1 \end{cases}$ （　　　　　） （金光大阪高）

(7) $\begin{cases} 0.25x + 0.75y = 0.25 \\ 0.4x - 0.2y = 1.8 \end{cases}$ （　　　　　） （西南学院高）

5 次の連立方程式を解きなさい。

(1) $\begin{cases} -\dfrac{x}{3} + \dfrac{y-3}{15} = 0 \\ \dfrac{x}{2} - \dfrac{y+1}{3} = 1 \end{cases}$ $\qquad$ (　　　　　) $\qquad$ （関大第一高）

(2) $\begin{cases} \dfrac{1}{7}x + \dfrac{3}{14}y = \dfrac{1}{2} \\ 0.5\,(0.1x + y) = 0.2 \end{cases}$ $\qquad$ (　　　　　) $\qquad$ （大阪桐蔭高）

(3) $\begin{cases} 0.3x + 0.2y = \dfrac{3}{5} \\ \dfrac{1}{4}x + \dfrac{2}{3}y + 1 = 0 \end{cases}$ $\qquad$ (　　　　　) $\qquad$ （雲雀丘学園高）

(4) $\begin{cases} \dfrac{3}{2}\,(x+y) - \dfrac{5}{3}\,(x-y) = \dfrac{5}{2} \\ 0.4x + 0.1y = 1.7 \end{cases}$ $\qquad$ (　　　　　) $\qquad$ （ラ・サール高）

(5) $3x - y = -2x + 4y = 14$ $\quad$ (　　　　　) $\qquad$ （太成学院大高）

(6) $2x + 3y - 5 = 4x + 5y - 21 = 10$ $\quad$ (　　　　　) $\qquad$ （京都府）

(7) $3x - 5y - 7 = 4x + 2y - 6 = 6x + 6y + 6$ $\quad$ (　　　　　)

$\qquad$ （和歌山信愛高）

4 連立方程式の利用

近道問題

1 次の問いに答えなさい。

(1) 連立方程式 $\begin{cases} ax + by = 2b \\ 5x + 2ay = 1 \end{cases}$ の解が $x = -3$, $y = 4$ であるとき, b の値を

求めなさい。(　　　　　)　　　　　　　　　　　　　　　　　（西南学院高）

(2) 連立方程式 $\begin{cases} ax + by = 5 \\ 3ax + 2by = 7 \end{cases}$ の解が $x = -3$, $y = 4$ であるとき, a, b の

値を求めなさい。　$a = ($　　　　　$)$　$b = ($　　　　　$)$　（精華女高）

(3) 連立方程式 $\begin{cases} 8x - y = 5 \\ ax + 5y = 7 \end{cases}$ の解を $x = m$, $y = n$ とするとき, $2m - n =$

1 が成り立つ。このとき, a の値を求めなさい。(　　　　　)（久留米大附高）

(4) 次の 2 つの連立方程式が同じ解をもつとき定数 a, b の値を求めなさい。

$a = ($　　　　　$)$　$b = ($　　　　　$)$　　　　　（近大附和歌山高）

$\begin{cases} x + y = -1 \\ ax + y = 5 \end{cases}$　　$\begin{cases} 2x + by = 7 \\ 3x - 2y = 12 \end{cases}$

2 A，B2種類のペンがある。A3本とB1本を買ったときの代金は1300円で，A2本とB3本を買ったときの代金は1450円である。A，Bそれぞれのペン1本の値段を求めなさい。A（　　　　円）　B（　　　　円）　　（宣真高）

3 AさんとBさんの持っている鉛筆の本数を合わせると50本である。Aさんの持っている鉛筆の本数の半分と，Bさんの持っている鉛筆の本数の$\frac{1}{3}$を合わせると23本になった。AさんとBさんが最初に持っていた鉛筆はそれぞれ何本か。ただし，AさんとBさんが最初に持っていた鉛筆の本数をそれぞれx本，y本として解きなさい。　　（鹿児島県）

Aさん（　　　　本）　Bさん（　　　　本）

4 A地点からC地点までの道のりは，B地点をはさんで13kmある。まことさんは，A地点からB地点までを時速3kmで歩き，B地点で20分休憩した後，B地点からC地点までを時速5kmで歩いたところ，ちょうど4時間かかった。A地点からB地点までの道のりとB地点からC地点までの道のりを，それぞれ求めなさい。　　（愛媛県）

A〜B（　　　　km）　B〜C（　　　　km）

5 8％の食塩水と15％の食塩水がある。この2種類の食塩水を混ぜて10％の食塩水を700g作りたい。このとき，8％の食塩水は何g必要か求めなさい。

（　　　　g）（福岡大附若葉高）

6 容器 A に x %の食塩水 300g, 容器 B に y %の食塩水 300g が入っている。次の問いに答えなさい。 (近大附和歌山高)

(1) 容器 A から食塩水 150g をとり, 容器 B に移してよくかき混ぜると容器 B に入っている食塩水の濃度は 8 %であった。このとき y を x の式で表しなさい。(　　　　　)

(2) (1)の操作の後, 容器 B から食塩水 150g をとり, 容器 A に移してよくかき混ぜると容器 A に入っている食塩水の濃度は 12 %であった。このとき x, y の値を求めなさい。$x = ($　　　　　$)$　　$y = ($　　　　　$)$

7 ある 2 桁の整数の各位の和は 6 で, 十の位と一の位を入れ替えてできる数はもとの数よりも 36 小さいという。この 2 桁の整数を求めなさい。(　　　　　)

(初芝橋本高)

8 百の位の数が, 十の位の数より 2 大きい 3 けたの自然数がある。この自然数の各位の数の和は 18 であり, 百の位の数字と一の位の数字を入れかえてできる自然数は, はじめの自然数より 99 小さい数である。このとき, はじめの自然数を求めなさい。(　　　　　) (福島県)

9 ある高校の昨年度の全校生徒数は 500 人でした。今年度は昨年度と比べて, 市内在住の生徒数が 20 %減り, 市外在住の生徒数が 30 %増えましたが, 全校生徒数は昨年度と同じ人数でした。今年度の市内在住の生徒数を求めなさい。

(　　　　　人) (埼玉県)

10 A市では，家庭からのごみの排出量を，可燃
ごみ，不燃ごみ，粗大ごみなどの家庭ごみと，
ペットボトル，古新聞などの資源ごみに分けて
集計しています。

　ある年の，1人あたりの1日のごみの排出量を調べると，7月の家庭ごみと
資源ごみの合計は680gでした。また，11月の家庭ごみと資源ごみの排出量は，
それぞれ7月の70％と80％で，それらの合計は7月より195g少なくなりま
した。このとき，7月の1人あたりの1日の家庭ごみと資源ごみの排出量はそ
れぞれ何gか求めなさい。 (岩手県)

　家庭ごみの排出量（　　　　　　g）　資源ごみの排出量（　　　　　　g）

11 ある動物園の入園料は，大人1人500円，子ども1人300円である。昨日の
入園者数は，大人と子どもを合わせて140人であった。今日の大人と子どもの
入園者数は，昨日のそれぞれの入園者数と比べて，大人の入園者数が10％減
り，子どもの入園者数が5％増えた。また，今日の大人と子どもの入園料の合
計は52200円となった。

　次の＿＿＿＿は，今日の大人の入園者数と，今日の子どもの入園者数を連立方
程式を使って求めたものである。 ① ～ ⑥ に，それぞれあてはまる適
切なことがらを書き入れなさい。 (三重県)

①（　　　　　） ②（　　　　　） ③（　　　　　） ④（　　　　　）
⑤（　　　　　） ⑥（　　　　　）

　昨日の大人の入園者数を x 人，昨日の子どもの入園者数を y 人とすると，

$$\begin{cases} \boxed{①} = 140 \\ \boxed{②} = 52200 \end{cases}$$

　これを解くと，$x = \boxed{③}$ ，$y = \boxed{④}$

　このことから，今日の大人の入園者数は $\boxed{⑤}$ 人，今日の子どもの入園
者数は $\boxed{⑥}$ 人となる。

---

12 A 中学校と B 中学校の合計 45 人のバレーボール部員が, 3 日間の合同練習をすることになった。練習場所の近くには山と海があり, 最終日のレクリエーションの時間にどちらに行きたいか希望調査をしたところ, 下の [表1], [表2] のような結果になった。

ただし, 山または海の希望は, 45 人の部員全員がどちらか一方だけを希望したものとする。

[表1] 山または海の希望者数

	希望者数
山	14 人
海	31 人

[表2] 中学校ごとの山または海の希望者の割合

	A 中学校	B 中学校
山	20 %	40 %
海	80 %	60 %

このとき, (1), (2)の問いに答えなさい。 (佐賀県)

(1) 2 校のバレーボール部員の人数をそれぞれ求めるために, A 中学校バレーボール部員の人数を x 人, B 中学校バレーボール部員の人数を y 人として, 次のような連立方程式をつくった。

このとき, ① にあてはまる式と ② にあてはまる方程式を, x, y を用いてそれぞれ表しなさい。①( ) ②( )

$$\begin{cases} \boxed{①} = 45 \\ \boxed{②} \end{cases}$$

(2) A 中学校バレーボール部員の人数と, B 中学校バレーボール部員の人数をそれぞれ求めなさい。

A 中学校(人) B 中学校(人)

5 2次方程式

1 次の 2 次方程式を解きなさい。

(1) $4x^2 - 25 = 0$ (   )
(高知県)

(2) $(x + 2)^2 = 7$ (   )
(愛知県)

(3) $(x + 1)^2 = 72$ (   )
(京都府)

(4) $2(x - 1)^2 - 8 = 0$
(   ) (博多女高)

(5) $x^2 = 9x$ (   )
(青森県)

(6) $x^2 + 8x + 12 = 0$
(   ) (島根県)

(7) $x^2 - 13x - 30 = 0$
(   ) (大阪電気通信大高)

(8) $x^2 + x = 6$ (   )
(滋賀県)

(9) $x^2 + x = 21 + 5x$
(   ) (静岡県)

(10) $9x^2 - 12x + 4 = 0$
(   )
(ノートルダム女学院高)

2 次の 2 次方程式を解きなさい。

(1) $x^2 + 3x + 1 = 0$

(　　　　　)（岩手県）

(2) $2x^2 - 5x + 1 = 0$

(　　　　　)（秋田県）

(3) $4x^2 - 12x - 3 = 0$

(　　　　　)（筑紫女学園高）

(4) $2x^2 - 5 = 3x - 1$

(　　　　　)（九州産大付九州高）

3 次の 2 次方程式を解きなさい。

(1) $2x^2 - 6x + 4 = 0$

(　　　　　)（賢明学院高）

(2) $(x + 3)(x - 3) = x$

(　　　　　)（熊本県）

(3) $(x - 2)(x - 3) = 38 - x$

(　　　　　)（静岡県）

(4) $(x - 4)(x + 2) = 3x - 2$

(　　　　　)（高知県）

4 次の2次方程式を解きなさい。

(1) $2(x-2)(x-6) = x(x-6)$ （　　　　　） （筑陽学園高）

(2) $(x-7)^2 - (x-5)(x-9) = x(4-x)$ （　　　　　） （関西大学高）

(3) $\dfrac{x^2+2}{4} + \dfrac{3}{2} = \dfrac{1}{3}(x+1)^2$ （　　　　　） （和歌山信愛高）

(4) $\dfrac{1}{3}(2x-3)^2 = \dfrac{1}{2}(x+3)(x-3) + x$ （　　　　　） （上宮高）

(5) $(x-4)^2 - (3x-4)^2 = 0$ （　　　　　） （香里ヌヴェール学院高）

(6) $(x-2)^2 - 3(x-2) = 4$ （　　　　　） （関西大学北陽高）

(7) $2(x-1)^2 - 4(x-1) + 2 = 0$ （　　　　　） （開智高）

(8) $(2x+1)^2 - 9(2x+1) + 18 = 0$ （　　　　　） （京都教大附高）

6 2次方程式の利用 近道問題

1 次の問いに答えなさい。

(1) 2次方程式 $x^2 - 2ax + 3 = 0$ の解の1つが -1 であるとき，もう1つの解を求めなさい。（　　　　　）　　　　　　　　　　　　　（秋田県）

(2) 2次方程式 $x^2 + ax + b = 0$ の解が -2，5 のとき，a と b の値をそれぞれ求めなさい。$a = ($　　　　　$)$　　$b = ($　　　　　$)$　　　　（大阪成蹊女高）

(3) 2次方程式 $x^2 + ax + b = 2x - 4$ の解が 3 と -6 であるとき，a，b の値を求めなさい。$a = ($　　　　　$)$　　$b = ($　　　　　$)$　　　（京都産業大附高）

(4) 2次方程式 $x^2 + ax + b = 0$ の2つの解が，2次方程式 $x^2 + 6x + 5 = 0$ の2つの解よりそれぞれ2だけ大きいとき，定数 a，b の値を求めなさい。
$a = ($　　　　　$)$　　$b = ($　　　　　$)$　　　　　　（福岡大附大濠高）

(5) 2次方程式 $2x^2 + bx + c = 0$ を解くと，解は $x = \dfrac{-3 \pm \sqrt{17}}{4}$ となりました。このとき，b，c の値を求めなさい。　　　　　　（滋賀短期大学附高）
$b = ($　　　　　$)$　　$c = ($　　　　　$)$

2 連続する 3 つの自然数を，それぞれ 2 乗して足すと 365 であった。もとの 3 つの自然数のうち，もっとも小さい数を求めなさい。（　　　　　） （愛知県）

3 4 倍して 7 を引いた数と 2 乗して 4 で割った数が等しくなるような数をすべて求めなさい。（　　　　　） （中村学園女高）

4 差が 1 である大小 2 つの正の数がある。これらの積が 3 であるとき，2 つの数のうち，大きい方を求めなさい。（　　　　　） （山口県）

5 縦と横の長さの比が 1：3 の長方形がある。この長方形の縦の長さを 5 cm 長くし，横の長さを 6 cm 短くしてできた長方形の面積が 54cm^2 であった。もとの長方形の縦の長さを求めなさい。（　　　　　cm） （京都外大西高）

6 縦の長さが 10m，横の長さが 12m の長方形の土地があります。右の図のように，縦と横に同じ幅のまっすぐな通路を作り，通路を除いた土地の面積がちょうど 80m^2 になるようにしたい。通路の幅を x m とするとき，x の値を求めなさい。（　　　　　） （清明学院高）

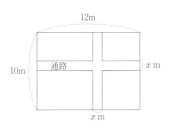

7 縦 20cm，横 30cm の厚紙の四隅から，同じ大きさの正方形を切り取り，折り曲げてふたのない直方体の容器を作ったところ，底面積が 264cm² になった。このとき，切り取る正方形の 1 辺の長さを方程式を使って求めなさい。

（　　　　　　　　　cm）（アサンプション国際高）

8 ラーメン北陽亭の 12 月 1 日の来店者数は 500 人であった。その日の夜にテレビで取り上げられ，12 月 2 日の来店者数は前日より x ％増えた。しかし，12 月 3 日の来店者数は前日より x ％減ってしまった。12 月 3 日の来店者数が 420 人であったとき，x の値を求めなさい。（　　　　　　　）　　（関西大学北陽高）

9 下の 1 番目，2 番目，3 番目，4 番目，……の図のように，黒玉と白玉を使って正方形になるよう，規則正しく並べていく。正方形の外側には黒玉を，その内側には白玉を並べていく。例えば，2 番目の図は，縦と横に 4 個ずつ並べていて，外側の黒玉は 12 個，内側の白玉は 4 個，あわせて 16 個の玉が並んでいる。

（奈良文化高）

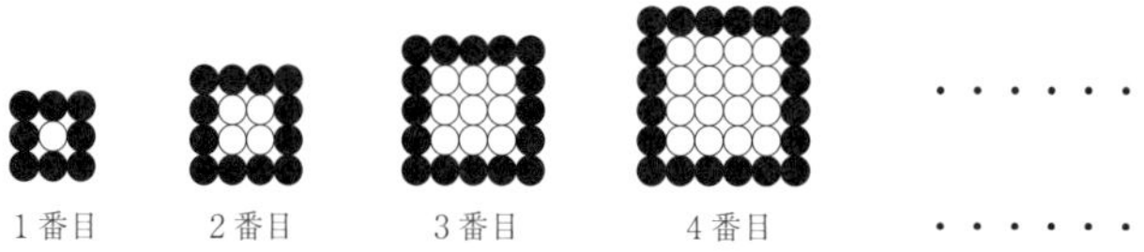

1番目　　2番目　　3番目　　4番目

(1) 6 番目の図に並んでいる黒玉と白玉をあわせた個数を求めなさい。

（　　　　　個）

(2) n 番目の図について，並んでいる白玉の個数を n を使って表しなさい。

（　　　　　個）

(3) 白玉の個数が 400 個であるとき，黒玉の個数を求めなさい。（　　　　個）

10 記号★を，$a ★ b = a^2 - b^2 + 2ab$ と定める。このとき，方程式 $x ★ (x + 4) = 0$ を解きなさい。（　　　　　　）　　　　　　　　　　　　　（立命館高）

11 右の図のように，AB = 6 cm，AD = 12cm の長方形 ABCD がある。点 P は頂点 A から 毎秒 1 cm の速さで辺 AD を頂点 D に向かって 移動する。点 Q は頂点 A から毎秒 2 cm の速さで辺 AB，辺 BC，辺 CD の順に頂点 D に向かって移動する。ただし，点 P，点 Q はそれぞれ頂点 A を同時に出発し，頂点 D に到着したときに止まるものとする。　　　　　　　　　　（佐賀県）

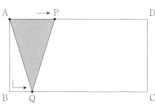

(1) 点 P，点 Q が頂点 A を出発して，2 秒後と 4 秒後の△APQ の面積をそれぞれ求めなさい。2 秒後（　　　　　cm²）　4 秒後（　　　　　cm²）

(2) 点 Q が頂点 A を出発して，11 秒後の線分 DQ の長さを求めなさい。

（　　　　　　　cm）

(3) 点 P，点 Q が頂点 A を出発して，点 Q が x 秒後に辺 CD 上にあるとき，①，②の問いに答えなさい。
　① 線分 DQ の長さを x を用いて表しなさい。（　　　　　cm）
　② △APQ の面積が 20cm² となるのは，点 P，点 Q が頂点 A を出発して 何秒後か求めなさい。（　　　　　秒後）

7 確率

1 A，B，C，D の 4 人が A を先頭にして 1 列に並ぶとき，並び方は何通りあるか求めなさい。（　　　　通り）　　　　　　　　　　　　　　（京都橘高）

2 0，1，2，3，4，5 の 6 枚のカードから 3 枚を選んで 3 桁の整数をつくりたい。　　　　　　　　　　　　　　　　　　　　　　　　　　　　　（姫路女学院高）

(1) 5 の倍数は何個できるか答えなさい。（　　　　　　個）

(2) 百の位の数を a，十の位の数を b，一の位の数を c とするとき，$a < b < c$ となる整数は何個あるか答えなさい。（　　　　　　個）

3 A，B，C，D の 4 チームが野球の試合を行う。各チームどうしがそれぞれ 1 回ずつ対戦するとき，試合数は全部でいくつあるか答えなさい。

（　　　　　　試合）（精華女高）

4 1 から 7 までの数字を書いた 7 枚のカードがある。この 7 枚のカードの中から 2 枚を同時に取り出すとき，2 枚のカードの数字の積が偶数になる取り出し方は何通りあるか求めなさい。（　　　　　　通り）　　　　　　（神戸常盤女高）

5 右の正六角形 ABCDEF において，3 個の頂点を結んで三角形を作るとき，全部で何通りできるか求めなさい。

（　　　　　　通り）（常翔啓光学園高）

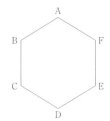

6 1枚の硬貨があり，その硬貨を投げたとき，表が出る確率と裏が出る確率は

いずれも $\frac{1}{2}$ である。この硬貨を多数回くり返し投げて，表が出る回数を a 回，

裏が出る回数を b 回とするとき，次のア～エの説明のうち，正しいものを2つ

選び，記号で答えなさい。（　　　　　）　　　　　　　　　　　　（山口県）

ア　投げる回数を増やしていくと，$\frac{a}{b}$ の値は $\frac{1}{2}$ に近づいていく。

イ　投げる回数を増やしていくと，$\frac{a}{a+b}$ の値は $\frac{1}{2}$ に近づいていく。

ウ　投げる回数が何回でも，a の値が投げる回数と等しくなる確率は0では

　　ない。

エ　投げる回数が偶数回のとき，b の値は必ず投げる回数の半分になる。

7 大小2つのさいころを同時に1回投げるとき，出た目の数の積が9の倍数に

なる確率を求めなさい。ただし，どの目が出ることも，同様に確からしいもの

とする。（　　　　　　　）　　　　　　　　　　　　　　　　　　（大分県）

8 大小2つのさいころを同時に投げるとき，大きいさいころの目の数が小さい

さいころの目の数の2倍以上となる確率を求めなさい。（　　　　　　　）（愛知県）

9 大小2つのさいころを同時に1回投げ，大きいさいころの出た目の数を a，

小さいさいころの出た目の数を b とする。このとき，$\frac{a+1}{2b}$ の値が整数となる

確率を求めなさい。ただし，さいころを投げるとき，1から6までのどの目が

出ることも同様に確からしいものとする。（　　　　　　　）　　　　（千葉県）

10 1つのさいころを3回投げるとき，出た目の最大値が3で最小値が1になる確率を求めなさい。（　　　　　　　）　　　　　　　　　　　　　　　　（久留米大附高）

11 5本のくじがあり，そのうち2本があたりです。はじめに太郎さんが1本引き，引いたくじをもとに戻してから，花子さんが1本引きます。このとき，太郎さんがはずれて，花子さんが当たる確率を求めなさい。（　　　　　　　）

　　　　　　　　　　　　　　　　　　　　　　　　　　　　　　　　（筑陽学園高）

12 袋の中に，A，B，C，D，Eが1つずつ書かれた5個の球が入っています。この袋の中から球を同時に2個取り出すとき，Aと書かれた球が含まれる確率を求めなさい。ただし，どの球が出ることも同様に確からしいものとする。

　　　　　　　　　　　　　　（　　　　　　　）（岡山県）

13 赤玉3個，白玉2個，黒玉1個が入った袋から玉を同時に2個取り出すとき，白玉と黒玉が出る確率を求めなさい。（　　　　　　　）　　　　　　　（精華女高）

14 3枚の硬貨を同時に投げるとき，表が2枚出る確率を求めなさい。

　　　　　　　　　　　　　　　　　　　　　　　　（　　　　　　　）（近江高）

⓯ 右の図のような 1〜6 までの目がある 1 個のさいころを 2
回投げて，1 回目に出た目を a，2 回目に出た目を b とする。
このとき，積 ab の値が 12 未満となる場合と 12 以上となる
場合とでは，どちらの方が起こりやすいか，次の**ア〜ウ**から 1 つ選び，記号で
答えなさい。また，そのように判断した理由を，確率を計算し，その値を用い
て説明しなさい。

　ただし，さいころの目はどの目が出ることも同様に確からしいものとする。

　記号（　　　　　）　理由（　　　　　　　　　　　　　　　　　）

（鳥取県）

ア　12 未満になることの方が起こりやすい。

イ　12 以上になることの方が起こりやすい。

ウ　どちらも起こりやすさは同じ。

⓰ 右の図のように，2 つの袋の中に，赤玉が 1 個，白
玉が 2 個，黒玉が 3 個ずつ入っている。袋の中をよく
まぜてから，それぞれから 1 個の玉を同時に取り出す
とき，次の問いに答えなさい。　　　　　（青森県）

(1)　それぞれから取り出す玉が，どちらも白玉である確率を求めなさい。

（　　　　　　）

(2)　それぞれから取り出す玉の組み合わせとして，最も起こりやすいのはどれ
　　か，次の**ア〜カ**の中から 1 つ選び，その記号を書きなさい。（　　　　　）

　　ア　どちらも赤玉　　**イ**　どちらも白玉　　**ウ**　どちらも黒玉

　　エ　赤玉 1 個と白玉 1 個　　**オ**　白玉 1 個と黒玉 1 個

　　カ　赤玉 1 個と黒玉 1 個

17 図1のように，袋の中に1，2，3の数字が1つずつ書かれた
3個の白玉が入っている。 （石川県）

図1

(1) 袋から玉を1個ずつ2回続けて取り出し，取り出した順に
左から並べる。このとき，玉の並べ方は全部で何通りあるか，
求めなさい。（　　　　　通り）

(2) 図2のように，袋に赤玉を1個加え，次のような2つの確率を求めること
にした。

> ・玉を2個同時に取り出すとき，赤玉が出る確率を p と
> する。
> ・玉を1個取り出し，それを袋にもどしてから，また，玉
> を1個取り出すとき，少なくとも1回赤玉が出る確率
> を q とする。

図2

赤玉

このとき，p と q ではどちらが大きいか，次の**ア**～**ウ**から正しいものを1
つ選び，その符号を書きなさい。また，選んだ理由も説明しなさい。説明に
おいては，図や表，式などを用いてよい。ただし，どの玉が取り出されるこ
とも同様に確からしいとする。

〔符号〕（　　　　　）

〔選んだ理由〕（　　　　　　　　　　　　　　　　　　　　　　　　　　　）

ア p が大きい。　　　**イ** q が大きい。　　　**ウ** p と q は等しい。

18 1から3までの数字を1つずつ書いた円形のカードが3枚，4から9までの
数字を1つずつ書いた六角形のカードが6枚，10から14までの数字を1つず
つ書いた長方形のカードが5枚の，合計14枚のカードがある。図は，その14
枚のカードを示したものである。

① ② ③ ④ ⑤ ⑥ ⑦ ⑧ ⑨ 10 11 12 13 14

　1 から 6 までの目がある 1 つのさいころを 2 回投げ，1 回目に出る目の数を a，2 回目に出る目の数を b とする。　　　　　　　　　　　　　　（静岡県）

(1)　14 枚のカードに書かれている数のうち，小さい方から a 番目の数と大きい方から b 番目の数の和を，a，b を用いて表しなさい。（　　　　　　　　）

(2)　14 枚のカードから，カードに書かれている数の小さい方から順に a 枚取り除き，さらに，カードに書かれている数の大きい方から順に b 枚取り除くとき，残ったカードの形が 2 種類になる確率を求めなさい。ただし，さいころを投げるとき，1 から 6 までのどの目が出ることも同様に確からしいものとする。（　　　　　　）

19　赤と白の 2 個のさいころを同時に投げる。このとき，赤いさいころの出た目の数を a，白いさいころの出た目の数を b として，座標平面上に，直線 $y = ax + b$ をつくる。例えば，$a = 2$，$b = 3$ のときは，座標平面上に，直線 $y = 2x + 3$ ができる。　　　　　　　　　　　　　（岐阜県）

(1)　つくることができる直線は全部で何通りあるかを求めなさい。

（　　　　　　通り）

(2)　傾きが 1 の直線ができる確率を求めなさい。（　　　　　　）

(3)　3 直線 $y = x + 2$，$y = -x + 2$，$y = ax + b$ で三角形ができない確率を求めなさい。（　　　　　　）

8 資料の活用

近道問題

1 右のグラフは，ある中学校の3年生女子40人について，50m走の記録をヒストグラムで表したものである。このヒストグラムでは，例えば，50m走の記録が8.0秒以上8.5秒未満の女子が6人いることがわかる。

このヒストグラムにおいて，中央値を含む階級の相対度数を求めなさい。（　　　　　）

（高知県）

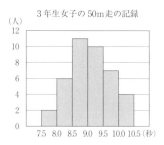

3年生女子の50m走の記録

2 右の図は，あるサッカーチームが，最近の11試合であげた得点を，ヒストグラムに表したものである。

このヒストグラムについて述べた文として正しいものを，ア〜エから1つ選び，符号で書きなさい。（　　　　　）　（岐阜県）

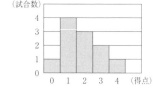

ア　中央値と最頻値は等しい。

イ　中央値は最頻値より小さい。

ウ　中央値と平均値は等しい。

エ　中央値は平均値より大きい。

3 右の度数分布表は，ある学級の生徒の自宅から学校までの通学時間を整理したものです。この表から通学時間の平均値を求めると20分であった。（　①　），（　②　）にあてはまる数と最頻値を求めなさい。　（滋賀県）

①（　　　　　）　②（　　　　　）

最頻値（　　　　　）

度数分布表

通学時間（分）	度数（人）
以上　　未満 0 〜 10	5
10 〜 20	10
20 〜 30	（ ① ）
30 〜 40	4
合計	（ ② ）

4 右の表は，ある中学校の生徒 40 人が，ある期間に図書室から借りた本の冊数を度数分布表にまとめたものである。次の問いに答えなさい。

階級(冊)	度数(人)
以上　　未満	
0 ～ 10	4
10 ～ 20	5
20 ～ 30	①
30 ～ 40	10
40 ～ 50	7
50 ～ 60	5
計	40

(1) ①にあてはまる数を求めなさい。

(　　　　　)

(2) 20 冊以上 30 冊未満の階級の累積度数を求めなさい。(　　　　　人)

(3) 30 冊以上 40 冊未満の階級の累積相対度数を求めなさい。(　　　　　)

5 次のデータは，ある生徒 10 人の数学のテストの得点である。

50，61，88，92，48，78，71，82，a，b　（単位：点）

このデータの平均値が 73 点，第 1 四分位数が 61 点，範囲が 47 点のとき，a と b の値を求めなさい。ただし，a，b は自然数で，$a < b$ とする。

$a = ($　　　　　$)$　　$b = ($　　　　　$)$

6 Aさん，Bさん，Cさん，Dさんについて，20 点満点の英単語のテスト 15 回の得点をまとめた箱ひげ図は，右の図のア〜エのいずれかである。テストの得点はすべて自然数である。得点の範囲が最も大きいのはBさんだった。また，AさんとBさんの中央値の差と，AさんとCさんの中央値の差は等しかった。次の問いに答えなさい。

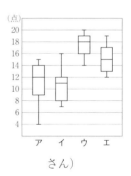

(1) 四分位範囲が最も小さいのは誰か答えなさい。(　　　　　さん)

(2) 得点が 8 点以下だった回数が 4 回以上あったのは誰か答えなさい。

(　　　　　さん)

7 右の図は，あるクラスの生徒 40 人につ
いて，ある期間に図書室から借りた本の冊
数を調べ，その結果を表したヒストグラム
である。例えば，借りた本の冊数が 6 冊以
上 9 冊未満の生徒は 2 人いたことを表して
いる。 (大分県)

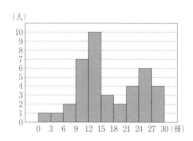

(1) 12 冊以上 15 冊未満の階級の相対度数
を求めなさい。(　　　　　　)

(2) 図書室から借りた本の冊数の調査から，クラスの生徒 40 人の平均値を求
めると，17.0 冊であった。借りた本の冊数が 16 冊だったはなこさんは，次
のように考えた。

〔はなこさんの考え〕

> 私が借りた本の冊数は，平均値より少ない。だから，私は，クラスの
> 生徒 40 人の中で，借りた本の冊数が多い方の上位 20 人に入っていない。

〔はなこさんの考え〕は正しくありません。正しくない理由を図をもとに説
明しなさい。

$$\left[\right]$$

8 次の資料は，太郎さんを含めた生徒 15 人の通学時間を 4 月に調べたもので
ある。 (栃木県)

> 3, 5, 7, 7, 8, 9, 9, 11, 12, 12, 12, 14, 16, 18, 20　(分)

(1) この資料から読み取れる通学時間の最頻値を答えなさい。(　　　　　　分)

(2) この資料を右の度数分布表に整理したとき，5分
　以上 10 分未満の階級の相対度数を求めなさい。

（　　　　　　）

階級(分)	度数(人)
以上　　未満	
0 ～ 5	
5 ～ 10	
10 ～ 15	
15 ～ 20	
20 ～ 25	
計	15

(3) 太郎さんは 8 月に引越しをしたため，通学時間
　が 5 分長くなった。そこで，太郎さんが引越しを
した後の 15 人の通学時間の資料を，4 月に調べた資料と比較したところ，中
央値と範囲はどちらも変わらなかった。引越しをした後の太郎さんの通学時
間は何分になったか，考えられる通学時間をすべて求めなさい。ただし，太
郎さんを除く 14 人の通学時間は変わらないものとする。(　　　　　分)

9 　箱の中に同じ大きさの白玉がたくさん入っている。そこに同じ大きさの黒玉
を 100 個入れてよくかき混ぜた後，その中から 34 個の玉を無作為に取り出し
たところ，黒玉が 4 個入っていた。この結果から，箱の中にはおよそ何個の白
玉が入っていると考えられるか，求めなさい。(　　　　　個)　　　(青森県)

10 　ある中学校で，全校生徒 600 人が夏休みに読んだ本の 1 人あたりの冊数を調
べるために，90 人を対象に標本調査を行うことにしました。次のア～エの中か
ら，標本の選び方として最も適切なものを 1 つ選び，その記号を書きなさい。
また，それが最も適切である理由を説明しなさい。　　　　　　　　(埼玉県)
　(記号)(　　　　　)　(説明)(　　　　　　　　　　　　　　　　　)
ア　3 年生全員の 200 人に通し番号をつけ，乱数さいを使って生徒 90 人を選ぶ。
イ　全校生徒 600 人に通し番号をつけ，乱数さいを使って生徒 90 人を選ぶ。
ウ　3 年生全員の 200 人の中から，図書室の利用回数の多い順に生徒 90 人を
　選ぶ。
エ　全校生徒 600 人の中から，図書室の利用回数の多い順に生徒 90 人を選ぶ。

解答・解説
近道問題

1．1次方程式

1 (1) $x = -\dfrac{2}{3}$　(2) $x = 3$　(3) $x = -3$　(4) $x = -2$　(5) $x = 4$　(6) $x = -2$

(7) $x = 5$　(8) $x = -7$　(9) $x = \dfrac{5}{2}$　(10) $x = -7$

2 (1) $x = 6$　(2) $x = 8$　(3) $x = -12$　(4) $x = 24$　(5) $x = 5$　(6) $x = 1$

3 (1) $x = \dfrac{5}{2}$　(2) $x = 9$

◇ 解説 ◇

1 (1) 移項して，$12x = -8$　よって，$x = -\dfrac{2}{3}$

(2) 移項して，$7x = 21$　よって，$x = 3$

(3) 移項して，$4x - x = -6 - 3$ だから，$3x = -9$　よって，$x = -3$

(4) 移項して，$3x = -6$　よって，$x = -2$

(5) 移項して，$-2x = -8$　よって，$x = 4$

(6) 両辺を 2 で割って，$x - 1 = -3$ より，$x = -2$

(7) かっこをはずして，$-4x + 2 = 9x - 63$ だから，$-13x = -65$　よって，$x = 5$

(8) かっこをはずして，$6x - 15 = 8x - 1$ より，$-2x = 14$　よって，$x = -7$

(9) かっこをはずして，$12x - 21 = 2x + 4$ より，$10x = 25$　よって，$x = \dfrac{5}{2}$

(10) $5 - 7x - 14 = 12 - 4x$ より，$-3x = 21$　よって，$x = -7$

2 (1) 両辺を 10 倍して，$5x - 2 = 3x + 10$ より，$2x = 12$　よって，$x = 6$

(2) 両辺を 10 倍して，$10x + 35 = 5(3x - 1)$ より，$10x + 35 = 15x - 5$ だから，$-5x = -40$　よって，$x = 8$

(3) 両辺を 3 倍して，$3x - 21 = 4x - 9$ より，$-x = 12$　よって，$x = -12$

(4) 両辺を 6 倍して，$3x + 6 = 4x - 18$ より，$-x = -24$　よって，$x = 24$

(5) 両辺を 15 倍して，$5(x + 4) = 3(2x + 5)$ より，$5x + 20 = 6x + 15$　よって，$x = 5$

(6) 両辺を 6 倍して，$3(5 - 3x) - (x - 1) = 6$　式を整理して，$-10x = -10$ だから，$x = 1$

3 (1) 比例式の性質より，$5(x - 1) = 3x$　かっこをはずして，$5x - 5 = 3x$　移項して整理すると，$2x = 5$ より，$x = \dfrac{5}{2}$

(2) 比例式の性質より，$4(x + 5) = 7(x - 1)$ だから，$4x + 20 = 7x - 7$　よって，$-3x = -27$ より，$x = 9$

2．1次方程式の利用

1 (1) 3　(2) 4　(3) 2　**2** 500（m）　**3** 38（人）　**4** 360（g）　**5** 205（杯）　**6** 168（人）
7 60（mL）　**8** 32

◇ 解説 ◇

1 (1) $x = 5$ を代入して，$7 \times 5 - 3a = 4 \times 5 + 2a$ より，$-5a = -15$ なので，$a = 3$

(2) $x = -1$ を代入して，$(3a - 1) \times (-1) + a + 7 = 0$　式を整理すると，$-2a = -8$ だから，$a = 4$

(3) $x = -2$ を代入して，$\dfrac{-2 - a - 4}{4} = \dfrac{4 \times (-2) + a}{3}$ より，$\dfrac{-a - 6}{4} = \dfrac{a - 8}{3}$　両辺を 12 倍して式を整理すると，$-7a = -14$ だから，$a = 2$

2 妹が出発してから x 分後に兄に追いついたとする。兄は $(10 + x)$ 分間歩いているから，進んだ道のりは $60(10 + x)$ m　妹が進んだ道のりは $100x$ m だから，$60(10 + x) = 100x$ が成り立つ。これを解いて，$x = 15$　2 km $= 2000$m だから，学校まであと，$2000 - 100 \times 15 = 500$（m）のところ。

3 クラスの人数を x 人とすると，$x \times 300 + 2600 = x \times 400 - 1200$ より，$100x = 3800$ なので，$x = 38$

4 4 ％の食塩水を x g とすると，9 ％の食塩水は $(600 - x)$ g なので，含まれている食塩の重さについて，$x \times \dfrac{4}{100} + (600 - x) \times \dfrac{9}{100} = 600 \times \dfrac{6}{100}$ が成り立つ。$4x + (600 - x) \times 9 = 3600$ だから，$-5x = -1800$　よって，$x = 360$

5 持ち帰り用として販売されたコーヒーを x 杯とする。持ち帰る場合の税込み価格は，$200 \times \left(1 + \dfrac{8}{100}\right) = 216$（円），店内で飲む場合の税込み価格は，$200 \times \left(1 + \dfrac{10}{100}\right) = 220$（円）だから，売上金額の合計について，$216x + 220(300 - x) = 65180$　整理して，$-4x = -820$ より，$x = 205$

6 生徒の人数を x 人とすると，A，B を希望した生徒はそれぞれ，$x \times \dfrac{1}{1 + 2} = \dfrac{1}{3}x$，$x - \dfrac{1}{3}x = \dfrac{2}{3}x$ となるので，条件から，$\left(\dfrac{1}{3}x + 14\right) : \left(\dfrac{2}{3}x - 14\right) = 5 : 7$　よって，$\left(\dfrac{2}{3}x - 14\right) \times 5 = \left(\dfrac{1}{3}x + 14\right) \times 7$ より，$\dfrac{10}{3}x - 70 = \dfrac{7}{3}x + 98$　したがって，$x = 168$

7 はじめに容器 A に入っていた牛乳の量を x mL とすると，$(x + 140) : 2x = 5 : 3$ が成り立つ。よって，$3(x + 140) = 2x \times 5$ より，$7x = 420$ となるから，$x = 60$

8 体育館の利用料金は，$250x$ 円。また，$(x - 3)$ 人から 280 円ずつ集めて支払うと 120 円余るので，体育館の利用料金は，$280(x - 3) - 120$（円）と表せる。よって，$250x = 280(x - 3) - 120$ を解いて，$x = 32$

3．連立方程式

1 (1) $x = 4$，$y = -2$　(2) $x = -4$，$y = 5$　(3) $x = 3$，$y = -2$　(4) $x = 2$，$y = 3$
(5) $x = 1$，$y = -1$　(6) $x = 2$，$y = -1$　(7) $x = 7$，$y = 8$

2 (1) $x = 2$，$y = 7$　(2) $x = 1$，$y = -1$　(3) $x = -11$，$y = -3$

3 (1) $x = -2$，$y = -1$　(2) $x = 6$，$y = 7$　(3) $x = 2$，$y = 3$　(4) $x = 5$，$y = -3$

4 (1) $x = 4$，$y = 7$　(2) $x = -2$，$y = 2$　(3) $x = 5$，$y = 6$　(4) $x = 1$，$y = -5$

(5) $x = 8$，$y = -2$　(6) $x = 12$，$y = -\dfrac{14}{3}$　(7) $x = 4$，$y = -1$

5 (1) $x = -2$，$y = -7$　(2) $x = \dfrac{58}{17}$，$y = \dfrac{1}{17}$　(3) $x = 4$，$y = -3$　(4) $x = 4$，$y = 1$

(5) $x = 7$，$y = 7$　(6) $x = 9$，$y = -1$　(7) $x = -8$，$y = 1$

◇ 解説 ◇

（**1**〜**4**はすべて，上式を①，下式を②とする。）

1 (1) ①＋②より，$4x = 16$ だから，$x = 4$　②に代入して，$4 + y = 2$ より，$y = -2$

(2) ①＋②×3より，$11x = -44$ なので，$x = -4$　①に代入して，$2 \times (-4) + 3y = 7$ より，$3y = 15$ なので，$y = 5$

(3) ①×2＋②より，$5x = 15$ なので，$x = 3$　①に代入して，$3 + 2y = -1$ より，$2y = -4$ なので，$y = -2$

(4) ①＋②×2より，$7x = 14$ なので，$x = 2$　②に代入して，$2 \times 2 + y = 7$ より，$y = 3$

(5) ①×3－②×4より，$7x = 7$ なので，$x = 1$　①に代入して，$5 \times 1 - 4y = 9$ より，$-4y = 4$ なので，$y = -1$

(6) ①×2＋②×3より，$13x = 26$ から，$x = 2$　①に代入して，$4 + 3y = 1$ より，$3y = -3$ なので，$y = -1$

(7) ①×3＋②×5より，$x = 7$　これを②に代入して，$-4 \times 7 + 3y = -4$ より，$3y = 24$ なので，$y = 8$

2 (1) ①に②を代入して，$2x + (3x + 1) = 11$ より，$5x = 10$　よって，$x = 2$　②に代入して，$y = 3 \times 2 + 1 = 7$

(2) ①を②に代入すると，$3(-2y - 1) - 5y = 8$ だから，$-6y - 3 - 5y = 8$ となり，$-11y = 11$　よって，$y = -1$　①に代入して，$x = -2 \times (-1) - 1 = 1$

(3) ①を②に代入して，$2y - (3y - 2) = 5$ より，$-y = 3$　両辺を -1 でわって，$y = -3$　①に代入して，$x = 3 \times (-3) - 2 = -11$

3 (1) ②÷2より，$x + 3y = -5$……③　①×3より，$9x - 3y = -15$……④　③＋④より，$10x = -20$　よって，$x = -2$　①に代入して，$3 \times (-2) - y = -5$ より，$-y = 1$　よって，$y = -1$

(2) ②を①に代入すると，$2(4x - 11) = 3x + 8$ より，$8x - 22 = 3x + 8$ だから，$5x = 30$ となり，$x = 6$　②に代入すると，$6 + y = 4 \times 6 - 11$ より，$y = 7$

(3) ①を整理すると，$4x - 4y = -4$　両辺を $\dfrac{1}{4}$ 倍すると，$x - y = -1$……③　②＋③より，$2x = 4$ だから，$x = 2$　②に代入すると，$2 + y = 5$ より，$y = 3$

(4) ②より，$-2x - 6y = 8$ だから，$x + 3y = -4$……③　③に①を代入すると，$x + 3(-x + 2) = -4$　これを解いて，$x = 5$　①に代入して，$y = -5 + 2 = -3$

4 (1) ②×5が，$2x + y = 15$ なので，①を代入すると，$2x + (3x - 5) = 15$　よって，$5x - 5 = 15$ なので，$5x = 20$ より，$x = 4$　①に代入して，$y = 3 \times 4 - 5 = 7$

(2) ①－②×6より，$8y = 16$ となるので，$y = 2$　①に代入して，$2x + 14 = 10$ より，$2x = -4$ となるので，$x = -2$

(3) ②×4より，$x - 1 + 2y = 16$ だから，$x + 2y = 17$……③　①×2＋③より，$7x = 35$ だから，$x = 5$　①に代入して，$3 \times 5 - y = 9$ より，$y = 6$

(4) ②×6より，$3(y - x) = 2(x + 2y)$ だから，$3y - 3x = 2x + 4y$ より，$y = -5x$……③　③を①に代入すると，$6x - (-5x) = 11$ より，$11x = 11$　よって，$x = 1$　③に代入すると，$y = -5 \times 1 = -5$

(5) ①×10より，$2x + 3y = 10$　②を代入して，$2(3y + 14) + 3y = 10$ より，$6y + 28 + 3y = 10$ なので，$9y = -18$　よって，$y = -2$　②に代入して，$x = 3 \times (-2) + 14 = 8$

(6) ①より，$3x + 6y = 8$……③　②×10より，$2x + 3y = 10$……④　③－④×2より，$-x = -12$　よって，$x = 12$　③に代入して，$3 \times 12 + 6y = 8$ より，$6y = -28$　よって，$y = -\dfrac{14}{3}$

(7) ①×4より，$x + 3y = 1$……③　②×5より，$2x - y = 9$……④　③×2－④より，$7y = -7$　よって，$y = -1$　③に代入して，$x - 3 = 1$ より，$x = 4$

5 (1) $-\dfrac{x}{3} + \dfrac{y - 3}{15} = 0$ を整理して，$-5x + y = 3$……①　$\dfrac{x}{2} - \dfrac{y + 1}{3} = 1$ を整理して，$3x - 2y = 8$……②　①×2＋②より，$-7x = 14$　よって，$x = -2$　②に代入して，$3 \times (-2) - 2y = 8$ より，$-2y = 14$　よって，$y = -7$

(2) 与式を順に①，②とする。①×14より，$2x + 3y = 7$……③　②×10より，$0.5x + 5y = 2$ なので，$2x + 20y = 8$……④　③－④より，$-17y = -1$ なので，$y = \dfrac{1}{17}$　③に代入して，$2x + 3 \times \dfrac{1}{17} = 7$ から，$2x = \dfrac{116}{17}$ より，$x = \dfrac{58}{17}$

(3) 与式を順に①，②とする。①×10より，$3x + 2y = 6$……③　②×12より，$3x + 8y = -12$……④　③－④より，$-6y = 18$　よって，$y = -3$　これを③に代入して，$3x - 6 = 6$ より，$x = 4$

(4) 与式を順に①，②とする。②×10より，$4x + y = 17$ だから，$y = -4x + 17$……③　①×6より，$9x + 9y - 10x + 10y = 15$ だから，$-x + 19y = 15$　③を代入して，

$-x + 19(-4x + 17) = 15$ より，$x = 4$ ③に代入して，$y = -4 \times 4 + 17 = 1$

(5) $3x - y = 14$ を①，$-2x + 4y = 14$ を②とする。①×4＋②より，$10x = 70$ となるので，$x = 7$ これを①に代入して，$21 - y = 14$ より，$-y = -7$ となるので，$y = 7$

(6) $2x + 3y - 5 = 10$ より，$2x + 3y = 15 \cdots\cdots$① $4x + 5y - 21 = 10$ より，$4x + 5y = 31 \cdots\cdots$② ①×2－②より，$y = -1$ ①に代入して，$2x + 3 \times (-1) = 15$ より，$2x = 18$，$x = 9$

(7) $3x - 5y - 7 = 4x + 2y - 6$ より，$x + 7y = -1 \cdots\cdots$① $4x + 2y - 6 = 6x + 6y + 6$ より，$x + 2y = -6 \cdots\cdots$② ①－②より，$5y = 5$ よって，$y = 1$ ①に代入して，$x + 7 = -1$ より，$x = -8$

4．連立方程式の利用

1 (1) 3 (2) $(a =) 1$ $(b =) 2$ (3) 8 (4) $(a =) 4$ $(b =) -1$

2 A．350（円） B．250（円） **3** （A さん）38（本） （B さん）12（本）

4 （A～B）8（km） （B～C）5（km） **5** 500（g）

6 (1) $y = -\dfrac{1}{2}x + 12$ (2) $(x =) 16$ $(y =) 4$ **7** 51 **8** 756 **9** 240（人）

10 （家庭ごみの排出量）590（g） （資源ごみの排出量）90（g）

11 ① $x + y$ ② $\dfrac{90}{100}x \times 500 + \dfrac{105}{100}y \times 300$ ③ 60 ④ 80 ⑤ 54 ⑥ 84

12 (1) ① $x + y$ ② $\dfrac{20}{100}x + \dfrac{40}{100}y = 14$ $\left(\text{または，} \dfrac{80}{100}x + \dfrac{60}{100}y = 31\right)$

(2) （A 中学校）20（人） （B 中学校）25（人）

◇ 解説 ◇

1 (1) $ax + by = 2b$ に，$x = -3$，$y = 4$ を代入して，$-3a + 4b = 2b$ より，$-3a + 2b = 0 \cdots\cdots$① $5x + 2ay = 1$ に，$x = -3$，$y = 4$ を代入して，$-15 + 8a = 1$ より，$8a = 16$ よって，$a = 2$ これを①に代入して，$-6 + 2b = 0$ より，$b = 3$

(2) $x = -3$，$y = 4$ を代入して，$\begin{cases} -3a + 4b = 5 \cdots\cdots① \\ -9a + 8b = 7 \cdots\cdots② \end{cases}$ ①×2－②より，$3a = 3$ よって，$a = 1$ これを①に代入して，$-3 + 4b = 5$ より，$b = 2$

(3) 連立方程式に $x = m$，$y = n$ を代入して，$\begin{cases} 8m - n = 5 \cdots\cdots① \\ am + 5n = 7 \cdots\cdots② \end{cases}$ $2m - n = 1 \cdots\cdots$③とし，①－③より，$6m = 4$ よって，$m = \dfrac{2}{3}$ ③に代入して，$2 \times \dfrac{2}{3} - n = 1$ より，$n = \dfrac{1}{3}$ $m = \dfrac{2}{3}$，$n = \dfrac{1}{3}$ を②に代入して，$a \times \dfrac{2}{3} + 5 \times \dfrac{1}{3} = 7$ より，$a = 8$

(4) 2つの連立方程式が同じ解をもつから，$\begin{cases} x + y = -1 \cdots\cdots① \\ 3x - 2y = 12 \cdots\cdots② \end{cases}$ を解くと，①×2＋②

より，$5x = 10$ から，$x = 2$　これを①に代入して，$2 + y = -1$ より，$y = -3$　$ax + y = 5$ にこれらを代入すると，$2a - 3 = 5$ より，$2a = 8$ から，$a = 4$　また，$2x + by = 7$ に代入すると，$2 \times 2 - 3b = 7$ より，$-3b = 3$ から，$b = -1$

2 A1本の値段を x 円，B1本の値段を y 円とすると，2通りの買い方より，

$\begin{cases} 3x + y = 1300 \cdots\cdots① \\ 2x + 3y = 1450 \cdots\cdots② \end{cases}$　①×3 より，$9x + 3y = 3900 \cdots\cdots③$　③－②より，$7x =$

2450　よって，$x = 350$　①に代入して，$3 \times 350 + y = 1300$　よって，$y = 250$

3 $x + y = 50 \cdots\cdots①$，$\dfrac{x}{2} + \dfrac{y}{3} = 23 \cdots\cdots②$が成り立つ。①×2－②×6 より，$-x =$

-38 なので，$x = 38 \cdots\cdots③$　③を①に代入して，$38 + y = 50$ より，$y = 12$

4 AB 間を x km，BC 間を y km とすると，$\begin{cases} x + y = 13 \cdots\cdots① \\ \dfrac{x}{3} + \dfrac{20}{60} + \dfrac{y}{5} = 4 \cdots\cdots② \end{cases}$　②×15 より，

$5x + 5 + 3y = 60$ だから，$5x + 3y = 55 \cdots\cdots③$　③－①×3 より，$2x = 16$ なので，

$x = 8$　①に代入して，$8 + y = 13$ より，$y = 5$

5 8％の食塩水を x g，15％の食塩水を y g とすると，食塩水の量について，$x + y =$

$700 \cdots\cdots①$　また，8％の食塩水 x g に含まれる食塩の量は，$x \times \dfrac{8}{100} = \dfrac{8}{100}x$（g），15

％の食塩水 y g に含まれる食塩の量は，$y \times \dfrac{15}{100} = \dfrac{15}{100}y$（g），10％の食塩水 700g に

含まれる食塩の量は，$700 \times \dfrac{10}{100} = 70$（g）だから，$\dfrac{8}{100}x + \dfrac{15}{100}y = 70 \cdots\cdots②$　②×

100 より，$8x + 15y = 7000 \cdots\cdots③$　③－①×8 より，$7y = 1400$ だから，$y = 200$　①

に代入して，$x + 200 = 700$ より，$x = 500$　よって，8％の食塩水は 500g。

6 (1) A からとった x ％の食塩水 150g に含まれる食塩の量は，$150 \times \dfrac{x}{100} = \dfrac{3}{2}x$（g）

B の y ％の食塩水 300g に含まれる食塩の量は，$300 \times \dfrac{y}{100} = 3y$（g）　合わせると 8

％の食塩水が，$150 + 300 = 450$（g）できるから，含まれる食塩の量は，$450 \times \dfrac{8}{100} =$

36（g）　よって，$\dfrac{3}{2}x + 3y = 36$ が成り立つから，$y = -\dfrac{1}{2}x + 12$

(2) B からとった 8％の食塩水 150g に含まれる食塩の量は，$150 \times \dfrac{8}{100} = 12$（g）　A に

残っている x ％の食塩水 150g に含まれる食塩の量は $\dfrac{3}{2}x$ g。合わせると 12％の食塩

水が，$150 + 150 = 300$（g）できるから，含まれる食塩の量は，$300 \times \dfrac{12}{100} = 36$（g）

よって，$12 + \dfrac{3}{2}x = 36$ が成り立つから，$x = 16$　(1)より，$y = -\dfrac{1}{2} \times 16 + 12 = 4$

7 十の位の数を x，一の位の数を y とすると，$\begin{cases} x + y = 6 \\ 10y + x = 10x + y - 36 \end{cases}$ が成り立つ。

これを解くと，$x = 5$，$y = 1$ となるので，求める数は 51。

8 十の位の数を x，一の位の数を y とする。百の位の数が十の位の数より 2 大きいから，百の位の数は $(x + 2)$ と表せる。各位の数の和が 18 だから，$(x + 2) + x + y = 18$ 整理して，$2x + y = 16$……(i)　また，はじめの自然数は，$100(x + 2) + 10x + y = 110x + y + 200$ 百の位の数字と一の位の数字を入れかえてできる自然数は，$100y + 10x + (x + 2) = 11x + 100y + 2$ この自然数は，はじめの自然数より 99 小さくなるから，$110x + y + 200 - 99 = 11x + 100y + 2$ 整理して，$x - y = -1$……(ii)　(i)，(ii)を連立方程式として解くと，$x = 5$，$y = 6$　よって，はじめの自然数は 756。

9 昨年度の市内在住の生徒を x 人，市外在住の生徒を y 人とすると，$x + y = 500$……①

$x \times \left(1 - \dfrac{20}{100}\right) + y \times \left(1 + \dfrac{30}{100}\right) = 500$ より，$80x + 130y = 50000$ なので，$8x + 13y = 5000$……②　①×8 $-$②より，$-5y = -1000$ なので，$y = 200$　①に代入して，$200 + x = 500$ より，$x = 300$　よって，$300 \times \left(1 - \dfrac{20}{100}\right) = 300 \times \dfrac{80}{100} = 240$（人）

10 7月の1人あたりの1日の家庭ごみと資源ごみの排出量をそれぞれ x g，y g とすると，7月，11月のそれぞれのごみの排出量の合計について，$\begin{cases} x + y = 680\cdots\cdots① \\ \dfrac{70}{100}x + \dfrac{80}{100}y = 680 - 195\cdots\cdots② \end{cases}$ が成り立つ。②より，$7x + 8y = 4850$……③　③$-$①×7 より，$y = 90$　これを①に代入して，$x + 90 = 680$ より，$x = 590$

11 昨日の入園者数の合計について，$x + y = 140$……(i)　今日の入園者数は，大人が $\dfrac{90}{100}x$ 人，子どもが $\dfrac{105}{100}y$ 人だから，今日の入園料の合計について，$\dfrac{90}{100}x \times 500 + \dfrac{105}{100}y \times 300 = 52200$……(ii)　(ii)を整理して，$450x + 315y = 52200$……(iii)　(i)×450 $-$(iii)より，$135y = 10800$　よって，$y = 80$　(i)に代入して，$x + 80 = 140$ より，$x = 60$　したがって，今日の大人の入園者数は，$60 \times \dfrac{90}{100} = 54$（人），子どもの入園者数は，$80 \times \dfrac{105}{100} = 84$（人）

12 (1) ① 合計人数について，$x + y = 45$……(i)　② 山の希望者数について，$\dfrac{20}{100}x +$

$\dfrac{40}{100}y = 14$……(ii) 【別解】海の希望者数について立式すると，$\dfrac{80}{100}x + \dfrac{60}{100}y = 31$

(2) (ii)× 5 より，$x + 2y = 70$……(iii) (iii)−(i)より，$y = 25$ これを(i)に代入して，$x + 25 = 45$ より，$x = 20$

5．2次方程式

1 (1) $x = \pm \dfrac{5}{2}$ (2) $x = -2 \pm \sqrt{7}$ (3) $x = -1 \pm 6\sqrt{2}$ (4) $x = -1,\ 3$

(5) $x = 0,\ 9$ (6) $x = -2,\ -6$ (7) $x = -2,\ 15$ (8) $x = -3,\ 2$ (9) $x = -3,\ 7$

(10) $x = \dfrac{2}{3}$

2 (1) $x = \dfrac{-3 \pm \sqrt{5}}{2}$ (2) $x = \dfrac{5 \pm \sqrt{17}}{4}$ (3) $x = \dfrac{3 \pm 2\sqrt{3}}{2}$ (4) $x = \dfrac{3 \pm \sqrt{41}}{4}$

3 (1) $x = 1,\ 2$ (2) $x = \dfrac{1 \pm \sqrt{37}}{2}$ (3) $x = -4,\ 8$ (4) $x = -1,\ 6$

4 (1) $x = 4,\ 6$ (2) $x = 2$ (3) $x = -10,\ 2$ (4) $x = 3$ (5) $x = 0,\ 2$ (6) $x = 1,\ 6$

(7) $x = 2$ (8) $x = 1,\ \dfrac{5}{2}$

◇ 解説 ◇

1 (1) $x^2 = \dfrac{25}{4}$ より，$x = \pm \dfrac{5}{2}$

(2) 平方根の性質から，$x + 2 = \pm \sqrt{7}$ よって，$x = -2 \pm \sqrt{7}$

(3) 平方根の性質から，$x + 1 = \pm 6\sqrt{2}$ よって，$x = -1 \pm 6\sqrt{2}$

(4) $2(x-1)^2 = 8$ より，$(x-1)^2 = 4$ よって，$x - 1 = \pm 2$ より，$x = 1 - 2 = -1$，$x = 1 + 2 = 3$

(5) 移項して，$x^2 - 9x = 0$ 左辺を因数分解して，$x(x-9) = 0$ よって，$x = 0,\ 9$

(6) 左辺を因数分解して，$(x+2)(x+6) = 0$ よって，$x = -2,\ -6$

(7) 左辺を因数分解して，$(x+2)(x-15) = 0$ よって，$x = -2,\ 15$

(8) $x^2 + x - 6 = 0$ より，$(x+3)(x-2) = 0$ よって，$x = -3,\ 2$

(9) $x^2 - 4x - 21 = 0$ より，$(x+3)(x-7) = 0$ よって，$x = -3,\ 7$

(10) $(3x)^2 - 2 \times 2 \times 3x + 2^2 = 0$ より，$(3x-2)^2 = 0$ だから，$3x - 2 = 0$ より，$3x = 2$ よって，$x = \dfrac{2}{3}$

2 (1) 解の公式より，$x = \dfrac{-3 \pm \sqrt{3^2 - 4 \times 1 \times 1}}{2 \times 1} = \dfrac{-3 \pm \sqrt{5}}{2}$

(2) 解の公式より，$x = \dfrac{-(-5) \pm \sqrt{(-5)^2 - 4 \times 2 \times 1}}{2 \times 2} = \dfrac{5 \pm \sqrt{17}}{4}$

(3) 解の公式より, $x = \dfrac{-(-12) \pm \sqrt{(-12)^2 - 4 \times 4 \times (-3)}}{2 \times 4} = \dfrac{12 \pm \sqrt{192}}{8} =$

$\dfrac{12 \pm 8\sqrt{3}}{8} = \dfrac{3 \pm 2\sqrt{3}}{2}$

(4) 式を整理して, $2x^2 - 3x - 4 = 0$　解の公式より,

$x = \dfrac{-(-3) \pm \sqrt{(-3)^2 - 4 \times 2 \times (-4)}}{2 \times 2} = \dfrac{3 \pm \sqrt{41}}{4}$

3 (1) 両辺を2で割って, $x^2 - 3x + 2 = 0$ より, $(x-1)(x-2) = 0$　よって, $x = 1,\ 2$

(2) $x^2 - 9 = x$ より, $x^2 - x - 9 = 0$　解の公式より,

$x = \dfrac{-(-1) \pm \sqrt{(-1)^2 - 4 \times 1 \times (-9)}}{2 \times 1} = \dfrac{1 \pm \sqrt{37}}{2}$

(3) $x^2 - 5x + 6 = 38 - x$ より, $x^2 - 4x - 32 = 0$ なので, $(x+4)(x-8) = 0$　よって, $x = -4,\ 8$

(4) $x^2 - 2x - 8 = 3x - 2$ より, $x^2 - 5x - 6 = 0$　よって, $(x+1)(x-6) = 0$ なので, $x = -1,\ 6$

4 (1) $2(x-2)(x-6) - x(x-6) = 0$ だから, $(x-6)\{2(x-2) - x\} = 0$ となり, $(x-6)(2x-4-x) = 0$　よって, $(x-6)(x-4) = 0$ だから, $x = 4,\ 6$

(2) 展開して, $x^2 - 14x + 49 - (x^2 - 14x + 45) = 4x - x^2$　整理して, $x^2 - 4x + 4 = 0$　左辺を因数分解して, $(x-2)^2 = 0$ より, $x = 2$

(3) 両辺を12倍して, $3(x^2 + 2) + 18 = 4(x+1)^2$　展開して整理すると, $x^2 + 8x - 20 = 0$　左辺を因数分解して, $(x+10)(x-2) = 0$　よって, $x = -10,\ 2$

(4) 両辺を6倍して, $2(2x-3)^2 = 3(x+3)(x-3) + 6x$　展開して, $2(4x^2 - 12x + 9) = 3(x^2 - 9) + 6x$ より, $8x^2 - 24x + 18 = 3x^2 - 27 + 6x$　整理して, $x^2 - 6x + 9 = 0$ より, $(x-3)^2 = 0$　よって, $x = 3$

(5) 展開して, $x^2 - 8x + 16 - (9x^2 - 24x + 16) = 0$ となるから, 整理して, $-8x^2 + 16x = 0$ より, $x^2 - 2x = 0$　よって, $x(x-2) = 0$ より, $x = 0,\ 2$

(6) 4を移項すると, $(x-2)^2 - 3(x-2) - 4 = 0$　左辺を因数分解して, $\{(x-2) + 1\}\{(x-2) - 4\} = 0$ より, $(x-1)(x-6) = 0$　よって, $x = 1,\ 6$

(7) 両辺を2でわって, $(x-1)^2 - 2(x-1) + 1 = 0$　$x - 1 = A$ とおいて, $A^2 - 2A + 1 = 0$　左辺を因数分解して, $(A-1)^2 = 0$　A をもとに戻して, $(x-1-1)^2 = 0$ より, $(x-2)^2 = 0$　よって, $x = 2$

(8) $2x + 1 = A$ とおくと, $A^2 - 9A + 18 = 0$ だから, $(A-3)(A-6) = 0$　A をもとに戻して, $(2x+1-3)(2x+1-6) = 0$ より, $(2x-2)(2x-5) = 0$　よって, $2x - 2 = 0$ より, $x = 1$, $2x - 5 = 0$ より, $x = \dfrac{5}{2}$

6．2次方程式の利用

1 (1) $x = -3$　(2) $(a =) -3$　$(b =) -10$　(3) $(a =) 5$　$(b =) -22$

(4) $(a =) 2$　$(b =) -3$　(5) $(b =) 3$　$(c =) -1$

2 10　**3** 2，14　**4** $\dfrac{1 + \sqrt{13}}{2}$　**5** 4 (cm)　**6** 2　**7** 4 (cm)　**8** 40

9 (1) 64（個）　(2) n^2（個）　(3) 84（個）　**10** $x = \pm 2\sqrt{2}$

11 (1)（2秒後）4（cm^2）　（4秒後）12（cm^2）　(2) 2（cm）

(3) ① $24 - 2x$（cm）　② 10（秒後）

◇ 解説 ◇

1 (1) $x^2 - 2ax + 3 = 0$ に $x = -1$ を代入すると，$(-1)^2 - 2a \times (-1) + 3 = 0$ より，$1 + 2a + 3 = 0$　よって，$2a = -4$ より，$a = -2$　これより，x についての方程式は，$x^2 + 4x + 3 = 0$ となる。左辺を因数分解して，$(x + 1)(x + 3) = 0$ より，$x = -1$，-3　したがって，もう1つの解は，$x = -3$。

(2) 解が $x = -2$，5 だから，$\begin{cases} 4 - 2a + b = 0 \\ 25 + 5a + b = 0 \end{cases}$ が成り立つ。これを解いて，$a = -3$，$b = -10$

(3) 方程式に $x = 3$ を代入して，$3^2 + a \times 3 + b = 2 \times 3 - 4$ より，$3a + b = -7$……⑦　また，$x = -6$ を代入して，$(-6)^2 + a \times (-6) + b = 2 \times (-6) - 4$ より，$-6a + b = -52$……④　⑦－④より，$9a = 45$ だから，$a = 5$　これを⑦に代入して，$3 \times 5 + b = -7$ より，$b = -22$

(4) $x^2 + 6x + 5 = 0$ の左辺を因数分解して，$(x + 5)(x + 1) = 0$ より，$x = -1$，-5　それぞれ2だけ大きい解は，$x = 1$，$x = -3$ で，$(x - 1)(x + 3) = 0$ より，$x^2 + 2x - 3 = 0$　よって，$a = 2$，$b = -3$

(5) 解の公式より，$x = \dfrac{-b \pm \sqrt{b^2 - 4 \times 2 \times c}}{2 \times 2} = \dfrac{-b \pm \sqrt{b^2 - 8c}}{4}$ なので，$-b = -3$ より，$b = 3$　また，$b^2 - 8c = 17$ より，$3^2 - 8c = 17$ だから，$-8c = 8$　よって，$c = -1$

2 連続する3つの自然数を，n，$n + 1$，$n + 2$ とすると，$n^2 + (n + 1)^2 + (n + 2)^2 = n^2 + n^2 + 2n + 1 + n^2 + 4n + 4 = 3n^2 + 6n + 5$ より，$3n^2 + 6n + 5 = 365$ なので，$3n^2 + 6n - 360 = 0$　よって，$n^2 + 2n - 120 = 0$ より，$(n - 10)(n + 12) = 0$ なので，$n = 10$，-12　n は自然数なので，$n = 10$

3 求める数を x とすると，4倍して7を引いた数は $4x - 7$，2乗して4で割った数は $\dfrac{x^2}{4}$ だから，$4x - 7 = \dfrac{x^2}{4}$ が成り立つ。式を整理すると，$x^2 - 16x + 28 = 0$ だから，$(x -$

$2)(x - 14) = 0$ よって，$x = 2, 14$

4 2つの正の数を $t - 1$, t $(t > 1)$ とすると，$t(t - 1) = 3$ より，$t^2 - t - 3 = 0$ 解の公式より，

$$t = \frac{-(-1) \pm \sqrt{(-1)^2 - 4 \times 1 \times (-3)}}{2 \times 1} = \frac{1 \pm \sqrt{13}}{2} \quad t > 1 \text{ より，} t = \frac{1 + \sqrt{13}}{2}$$

5 もとの長方形は，縦の長さを x cm とすると，横の長さは $3x$ cm。したがって，長さを変えてできた長方形は，縦の長さが $(x + 5)$ cm，横の長さが $(3x - 6)$ cm だから，$(x + 5)(3x - 6) = 54$ 整理して，$x^2 + 3x - 28 = 0$ より，$(x - 4)(x + 7) = 0$ よって，$x = 4, -7$ $3x - 6 > 0$ より，$x > 2$ だから，$x = 4$

6 縦が $(10 - x)$ m，横が $(12 - x)$ m の長方形の面積が 80m^2 になるので，$(10 - x)(12 - x) = 80$ が成り立つ。式を整理すると，$x^2 - 22x + 40 = 0$ となるので，$(x - 2)(x - 20) = 0$ $x = 20$ は問題に合わないので，求める x の値は，$x = 2$

7 右図のように，切り取る正方形の1辺の長さを x cm $(x < 10)$ とする。直方体の容器の底面は，縦が $(20 - 2x)$ cm，横が $(30 - 2x)$ cm の長方形となるから，面積について，$(20 - 2x)(30 - 2x) = 264$ が成り立つ。式を展開して整理すると，$x^2 - 25x + 84 = 0$ より，$(x - 4)(x - 21) = 0$ だから，$x = 4, 21$ $x < 10$ より，$x = 4$ よって，4 cm。

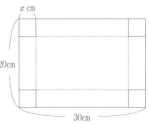

8 12月2日の来客者数は，前日より x ％増えたから，$500 \times \left(1 + \dfrac{x}{100}\right)$ 人。12月3日の来客者数は，前日より x ％減ったから，$500 \times \left(1 + \dfrac{x}{100}\right) \times \left(1 - \dfrac{x}{100}\right)$ 人。したがって，$500\left(1 + \dfrac{x}{100}\right)\left(1 - \dfrac{x}{100}\right) = 420$ が成り立つ。$500\left(1 - \dfrac{x^2}{10000}\right) = 420$ より，両辺に20をかけて式を整理すると，$x^2 = 1600$ だから，$x = \pm 40$ $x > 0$ より，$x = 40$

9 (1) 1辺が，$6 + 2 = 8$（個）の正方形となるから，$8 \times 8 = 64$（個）

(2) n 番目の図の白玉は，1辺が n 個の正方形となるので，個数は，$n \times n = n^2$（個）

(3) $n^2 = 400$ より，$n > 0$ なので，$n = 20$ よって，黒玉と白玉をあわせた個数は，$(20 + 2)^2 = 484$（個）なので，黒玉の個数は，$484 - 400 = 84$（個）

10 $x ★ (x + 4) = x^2 - (x + 4)^2 + 2x(x + 4) = x^2 - x^2 - 8x - 16 + 2x^2 + 8x = 2x^2 - 16$ より，$2x^2 - 16 = 0$ よって，$2x^2 = 16$ より，$x^2 = 8$ だから $x = \pm 2\sqrt{2}$

11 (1) 2秒後，点 P は辺 AD 上にあり，$AP = 2$ cm，点 Q は辺 AB 上にあり，$AQ = 4$ cm だから，$\triangle APQ = \dfrac{1}{2} \times 2 \times 4 = 4$（cm^2） 4秒後，点 P は辺 AD 上にあり，$AP = 4$ cm また，点 Q は，$2 \times 4 = 8$（cm）移動しているので，辺 BC 上にあり，$\triangle APQ$ の

底辺を AP とみると，高さは 6 cm だから，$\triangle APQ = \dfrac{1}{2} \times 4 \times 6 = 12 \,(cm^2)$

(2) 点 Q は 11 秒，$2 \times 11 = 22 \,(cm)$ 移動している。$AB + BC = 6 + 12 = 18 \,(cm)$ だから，$CQ = 22 - 18 = 4 \,(cm)$　よって，$DQ = DC - CQ = 6 - 4 = 2 \,(cm)$

(3) ① 点 Q が進んだ道のりは $2x$ cm。$A \to B \to C \to D$ の長さは，$6 + 12 + 6 = 24 \,(cm)$ よって，$DQ = 24 - 2x \,(cm)$　② $AP = x$ cm だから，$\triangle APQ = \dfrac{1}{2} \times x \times (24 - 2x)$ (cm^2)　よって，$\dfrac{1}{2} x (24 - 2x) = 20$　これを解くと，$x = 2,\ 10$　点 Q が辺 CD 上にあるとき，$9 \leqq x \leqq 12$ だから，$x = 10$

▐ 7. 確　率

1 6（通り）　**2** (1) 36（個）　(2) 10（個）　**3** 6（試合）　**4** 15（通り）　**5** 20（通り）

6 イ，ウ　**7** $\dfrac{1}{9}$　**8** $\dfrac{1}{4}$　**9** $\dfrac{5}{36}$　**10** $\dfrac{1}{18}$　**11** $\dfrac{6}{25}$　**12** $\dfrac{2}{5}$　**13** $\dfrac{2}{15}$　**14** $\dfrac{3}{8}$

15（記号）ア　（理由）12 未満になる確率が $\dfrac{19}{36}$ で，12 以上になる確率 $\dfrac{17}{36}$ より大きいから。

16 (1) $\dfrac{1}{9}$　(2) オ　**17** (1) 6（通り）　(2)（符号）ア　（選んだ理由）（解説参照）

18 (1) $a - b + 15$　(2) $\dfrac{5}{9}$　**19** (1) 36（通り）　(2) $\dfrac{1}{6}$　(3) $\dfrac{11}{36}$

◇ 解説 ◇

1 A の後ろの，B，C，D の 3 人の並び方を考えるから，$3 \times 2 \times 1 = 6$（通り）

2 (1) 5 の倍数の一の位は 0 か 5 となる。一の位が 0 の整数は，百の位が 1〜5 の 5 通り，十の位が 1〜5 のうち百の位の数以外の 4 通りとなるから，$5 \times 4 = 20$（個）　一の位が 5 の整数は，百の位が 1〜4 の 4 通り，十の位が 0〜4 のうち百の位の数以外の 4 通りとなるから，$4 \times 4 = 16$（個）　よって，$20 + 16 = 36$（個）

(2) 123，124，125，134，135，145，234，235，245，345 の 10 個。

3 対戦する 2 チームの組み合わせを考えればよい。(A, B)，(A, C)，(A, D)，(B, C)，(B, D)，(C, D) の 6 通りあるから，全部で 6 試合。

4 取り出した 2 枚のカードに書かれた数字の積が奇数になるのは，両方のカードに書かれた数字がともに奇数のときで，1 と 3，1 と 5，1 と 7，3 と 5，3 と 7，5 と 7 の場合の 6 通りあり，これ以外の場合は 2 枚のカードに書かれた数字の積が偶数になる。7 枚のカードから 2 枚の取り出し方は，$7 \times 6 \div 2 = 21$（通り）　よって，取り出した 2 枚のカードに書かれた数字の積が偶数になる取り出し方は，$21 - 6 = 15$（通り）

5 (A, B, C)，(A, B, D)，(A, B, E)，(A, B, F)，(A, C, D)，(A, C, E)，(A, C, F)，(A, D, E)，(A, D, F)，(A, E, F)，(B, C, D)，(B, C, E)，(B, C,

F), (B, D, E), (B, D, F), (B, E, F), (C, D, E), (C, D, F), (C, E, F),
(D, E, F)の20通り。

6 $(a+b)$ 回は全体の目の出方となるので, $\dfrac{a}{a+b}$ の値は $\dfrac{1}{2}$ に近づく。また, 投げる回数が何回でも, 可能性としてはすべて a が出る場合もある。よって, 求める答えは**イ**と**ウ**。

7 大小のさいころの目の数をそれぞれ a, b とすると, ab が9の倍数になるのは, $ab =$ 9, 18, 36 のときで, $(a, b) = (3, 3)$, $(3, 6)$, $(6, 3)$, $(6, 6)$ の4通り。a, b の組み合わせは全部で, $6 \times 6 = 36$（通り）だから, 求める確率は, $\dfrac{4}{36} = \dfrac{1}{9}$

8 全体の場合の数は, $6 \times 6 = 36$（通り）, 求める目の出方は, （大, 小）$= (6, 3)$, $(6, 2)$, $(6, 1)$, $(5, 2)$, $(5, 1)$, $(4, 2)$, $(4, 1)$, $(3, 1)$, $(2, 1)$ の9通り。よって, 確率は, $\dfrac{9}{36} = \dfrac{1}{4}$

9 出る目の場合の数は全部で, $6 \times 6 = 36$（通り）　条件を満たすのは, $(a, b) = (1, 1)$, $(3, 1)$, $(3, 2)$, $(5, 1)$, $(5, 3)$ の5通りだから, 確率は, $\dfrac{5}{36}$。

10 出た目の最大値が3で最小値が1になる場合, 3回投げたときの出た目の数の組み合わせは, $(1, 1, 3)$, $(1, 2, 3)$, $(1, 3, 3)$ である。$(1, 1, 3)$ のとき, （1回目, 2回目, 3回目）$= (1, 1, 3)$, $(1, 3, 1)$, $(3, 1, 1)$ の3通り。$(1, 2, 3)$ のとき, （1回目, 2回目, 3回目）$= (1, 2, 3)$, $(1, 3, 2)$, $(2, 1, 3)$, $(2, 3, 1)$, $(3, 1, 2)$, $(3, 2, 1)$ の6通り。$(1, 3, 3)$ のとき, （1回目, 2回目, 3回目）$= (1, 3, 3)$, $(3, 1, 3)$, $(3, 3, 1)$ の3通り。よって, あわせて, $3 + 6 + 3 = 12$（通り）　1つのさいころを3回投げたときの目の出方は全部で, $6 \times 6 \times 6 = 216$（通り）あるから, 求める確率は, $\dfrac{12}{216} = \dfrac{1}{18}$

11 当たりくじ2本を○₁, ○₂, はずれくじ3本を×₁, ×₂, ×₃ とする。2人のくじの引き方は, $5 \times 5 = 25$（通り）　このうち, 太郎さんがはずれて花子さんが当たるのは, （太郎さん, 花子さん）$= (×_1, ○_1)$, $(×_1, ○_2)$, $(×_2, ○_1)$, $(×_2, ○_2)$, $(×_3, ○_1)$, $(×_3, ○_2)$ の6通り。よって, 求める確率は $\dfrac{6}{25}$。

12 取り出した2個の球に書かれた文字の組は, (A, B), (A, C), (A, D), (A, E), (B, C), (B, D), (B, E), (C, D), (C, E), (D, E)の10通り。このうち, Aが含まれるのは下線を引いた4通りだから, 求める確率は, $\dfrac{4}{10} = \dfrac{2}{5}$

13 赤玉を赤1, 赤2, 赤3, 白玉を白1, 白2, 黒玉を黒と表すと, 取り出した2個の玉の組み合わせは, （赤1, 赤2）, （赤1, 赤3）, （赤1, 白1）, （赤1, 白2）, （赤1, 黒）, （赤2, 赤3）, （赤2, 白1）, （赤2, 白2）, （赤2, 黒）, （赤3, 白1）, （赤3, 白2）, （赤3, 黒）, （白1, 白2）, （白1, 黒）, （白2, 黒）の15通り。このうち, 白玉と黒玉の組み合わせは下線を引いた

2通りだから，求める確率は $\dfrac{2}{15}$。

14 3枚の硬貨の表裏の出方は，(表，表，表)，(表，表，裏)，(表，裏，表)，(表，裏，裏)，(裏，表，表)，(裏，表，裏)，(裏，裏，表)，(裏，裏，裏)の8通り。このうち，表が2枚出るのは，下線を引いた3通りだから，求める確率は $\dfrac{3}{8}$。

15 さいころを2回投げるとき，目の出方は全部で，$6 \times 6 = 36$（通り） 積 ab が12未満となる場合は，$a = 1$ のとき，$b = 1$，2，3，4，5，6の6通り。$a = 2$ のとき，$b = 1$，2，3，4，5の5通り。$a = 3$ のとき，$b = 1$，2，3の3通り。$a = 4$ のとき，$b = 1$，2の2通り。$a = 5$ のとき，$b = 1$，2の2通り。$a = 6$ のとき，$b = 1$ の1通り。したがって，ab が12未満になる確率は，$\dfrac{6 + 5 + 3 + 2 + 2 + 1}{36} = \dfrac{19}{36}$ ab が12以上になる確率は，$1 - \dfrac{19}{36} = \dfrac{17}{36}$ だから，12未満になることの方が起こりやすい。

16 (1) 玉の取り出し方は全部で，$6 \times 6 = 36$（通り） このうち，それぞれから取り出す玉がどちらも白玉である場合は，2つの袋を袋A，袋Bとすると，袋A，Bには白玉が2個ずつ入っているので，$2 \times 2 = 4$（通り） よって，求める確率は，$\dfrac{4}{36} = \dfrac{1}{9}$

(2) ア．$1 \times 1 = 1$（通り） イ．4通り。ウ．$3 \times 3 = 9$（通り） エ．袋Aから赤玉を取り出す場合は，$1 \times 2 = 2$（通り），袋Bから赤玉を取り出す場合は，$2 \times 1 = 2$（通り）だから，合わせて，$2 + 2 = 4$（通り） オ．袋Aから白玉を取り出す場合は，$2 \times 3 = 6$（通り），袋Bから白玉を取り出す場合は，$3 \times 2 = 6$（通り）だから，合わせて，$6 + 6 = 12$（通り） カ．袋Aから赤玉を取り出す場合は，$1 \times 3 = 3$（通り），袋Bから赤玉を取り出す場合は，$3 \times 1 = 3$（通り）だから，合わせて，$3 + 3 = 6$（通り） よって，最も起こりやすいのはオ。

17 (1) 12，13，21，23，31，32の6通り。

(2) p について，玉の取り出し方は全部で，(赤，1)，(赤，2)，(赤，3)，(1，2)，(1，3)，(2，3)の6通りで，このうち，赤玉が出る場合は3通りだから，$p = \dfrac{3}{6} = \dfrac{1}{2}$ q について，玉の取り出し方は，1回目が4通り，2回目も4通りあるので，全部で，$4 \times 4 = 16$（通り） このうち，赤玉が出ない場合は，1回目が1，2，3の3通り，2回目が1，2，3の3通りなので，全部で，$3 \times 3 = 9$（通り） よって，少なくとも1回赤玉が出る場合は，$16 - 9 = 7$（通り）あるから，$q = \dfrac{7}{16}$ 以上より，$p > q$

18 (1) 大きい方から b 番目の数は，$14 - b + 1 = 15 - b$ だから，$a + (15 - b) = a - b + 15$

(2) さいころの目の出方は全部で，$6 \times 6 = 36$（通り） 円と六角形が残るのは，$(a, b) = (1, 5)$，$(1, 6)$，$(2, 5)$，$(2, 6)$の4通り，六角形と長方形が残るのは，$(a, b) = (3, 1)$，$(3, 2)$，$(3, 3)$，$(3, 4)$，$(4, 1)$，$(4, 2)$，$(4, 3)$，$(4, 4)$，$(5, 1)$，$(5, 2)$，$(5,$

3），(5，4)，(6，1)，(6，2)，(6，3)，(6，4)の 16 通りなので，確率は，$\dfrac{4+16}{36}=\dfrac{5}{9}$

⑲(1) a，b の組み合わせは，$6 \times 6 = 36$（通り）だから，つくることができる直線も 36 通りある。

(2) 傾きは a で表される。$a = 1$ となるのは，$(a，b)=(1，1)$，$(1，2)$，$(1，3)$，$(1，4)$，$(1，5)$，$(1，6)$ の 6 通り。よって，求める確率は，$\dfrac{6}{36}=\dfrac{1}{6}$

(3) 三角形ができないのは，右図のように，が，①他の 2 直線のどちらかと平行になる，②3 直線が 1 点で交わる，のどちらかの場合である。① $a = 1$ または -1 となる場合だが，$a > 0$ より，$a = 1$ これは(2)より，6 通り。②3 直線の交点の座標は $(0，2)$ だから，$b = 2$ の場合で，これも 6 通りある。このうち，$(a，b)=(1，2)$ は，①，②の両方に含まれるから，求める確率は，$\dfrac{6+6-1}{36}=\dfrac{11}{36}$

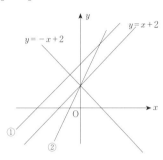

8. 資料の活用

❶ 0.25　**❷** エ　**❸** ① 13　② 32　（最頻値）25 分　**❹**(1) 9　(2) 18（人）　(3) 0.7

❺（$a =$) 65　（$b =$) 95　**❻**(1) C（さん）　(2) D（さん）

❼(1) 0.25

(2) 15 冊以上の本を借りた生徒が 19 人であるため，借りた本の冊数が 16 冊だったはなこさんは多い方の上位 20 人に入っている。【別解】はなこさんが借りた本の冊数は，中央値を含む階級の 12 冊以上 15 冊未満より大きいので，多い方の上位 20 人に入っている。

❽(1) 12（分）　(2) 0.4　(3) 10，17，19（分）

❾ 750（個）　**❿**（記号）イ　（説明）母集団から無作為に選んでいるから最も適切である。

◇ 解説 ◇

❶ 中央値は小さい方から 20 番目と 21 番目の平均。9.0 秒未満が，$2 + 6 + 11 = 19$（人），9.5 秒未満が，$19 + 10 = 29$（人）より，中央値は 9.0 秒以上 9.5 秒未満の階級に含まれる。よって，相対度数は，$\dfrac{10}{40}=0.25$

❷ 中央値は，得点の少ない方から 6 番目の得点だから 2 点。1 点が 4 試合で最も多いから，最頻値は 1 点。平均値は，$(0 \times 1 + 1 \times 4 + 2 \times 3 + 3 \times 2 + 4 \times 1) \div 11 = 20 \div 11 = 1.81\cdots$　したがって，エが正しい。

❸ ①，②にあてはまる数をそれぞれ a，b とすると，度数の合計について，$5 + 10 + a + 4 = b$　よって，$a - b = -19\cdots\cdots(\mathrm{i})$　平均値が 20 分であることから，

$$\frac{5 \times 5 + 15 \times 10 + 25 \times a + 35 \times 4}{b} = 20 \quad \text{整理して, } 5a - 4b = -63 \cdots\cdots\text{(ii)}$$ (i),

(ii)を連立方程式として解くと, $a = 13$, $b = 32$ これより, 20分以上30分未満の階級が13人で最も多くなるから, 最頻値は25分。

4 (1) $40 - (4 + 5 + 10 + 7 + 5) = 40 - 31 = 9$ (人)

(2) $4 + 5 + 9 = 18$ (人)

(3) 累積度数は, $18 + 10 = 28$ (人)だから, $28 \div 40 = 0.7$

5 a, b 以外の得点を小さい順に並べると, 48, 50, 61, 71, 78, 82, 88, 92 で, 第1四分位数が61点より, a は61以上。よって, 最小値は48点だが, $92 - 48 = 44$ (点)は得点の範囲とならないので, $b - 48 = 47$ となる。したがって, $b = 95$ a と b の値の和は, $73 \times 10 - (50 + 61 + 88 + 92 + 48 + 78 + 71 + 82) = 730 - 570 = 160$ だから, $a = 160 - 95 = 65$

6 (1) 得点の範囲が, **ア**が, $15 - 4 = 11$ (点), **イ**が, $16 - 7 = 9$ (点), **ウ**が, $20 - 14 = 6$ (点), **エ**が, $19 - 12 = 7$ (点)だから, **ア**がBさん。また, Bさんの中央値が12点で, **イ**〜**エ**の中央値は順に, 11点, 18点, 15点だから, $18 - 15 = 3$ (点), $15 - 12 = 3$ (点)より, Cさんの中央値が18点でAさんの中央値が15点。よって, **イ**はDさん, **ウ**はCさん, **エ**はAさん。四分位範囲は, **ア**が, $14 - 9 = 5$ (点), **イ**が, $12 - 8 = 4$ (点), **ウ**が, $19 - 16 = 3$ (点), **エ**が, $17 - 13 = 4$ (点)だから, 最も小さいのはCさん。

(2) テストを受けた回数が15回なので, $15 \div 2 = 7$ 余り1, $7 \div 2 = 3$ 余り1より, 得点を小さい方から並べた4番目の値が第1四分位数になる。よって, 第1四分位数が8点の人は8点以下を4回以上とっているので, これは**イ**のDさん。

7 (1) 12冊以上15冊未満の階級の度数は10人だから, 相対度数は, $10 \div 40 = 0.25$

(2) 15冊以上借りた生徒は, $3 + 2 + 4 + 6 + 4 = 19$ (人)である。また, 12冊以上借りた生徒は, $19 + 10 = 29$ (人)だから, 借りた本の冊数が多い方から20番目と21番目の生徒はともに12冊以上15冊未満の階級に含まれ, 中央値もこの階級に含まれる。これらのことが理由になる。

8 (1) 12分が3人で一番多いので, 12分。

(2) 5分以上10分未満の階級は6人だから, $6 \div 15 = 0.4$

(3) 中央値と範囲は変わらないので, 最小値の3分と, 中央値の11分と, 最大値の20分は変わらない。したがって, 5分から10分になった場合, 12分から17分になった場合, 14分から19分になった場合が考えられる。

9 全体に含まれる黒玉の個数の割合と, 無作為に取り出した玉に含まれる黒玉の個数の割合は, ほぼ等しいと推定できる。よって, 箱の中におよそ x 個の白玉が入っているとすると, $\dfrac{100}{x + 100} = \dfrac{4}{34}$ が成り立つ。これを解いて, $4(x + 100) = 3400$ より, $x = 750$

10 標本は, 全体から無作為に抽出する。